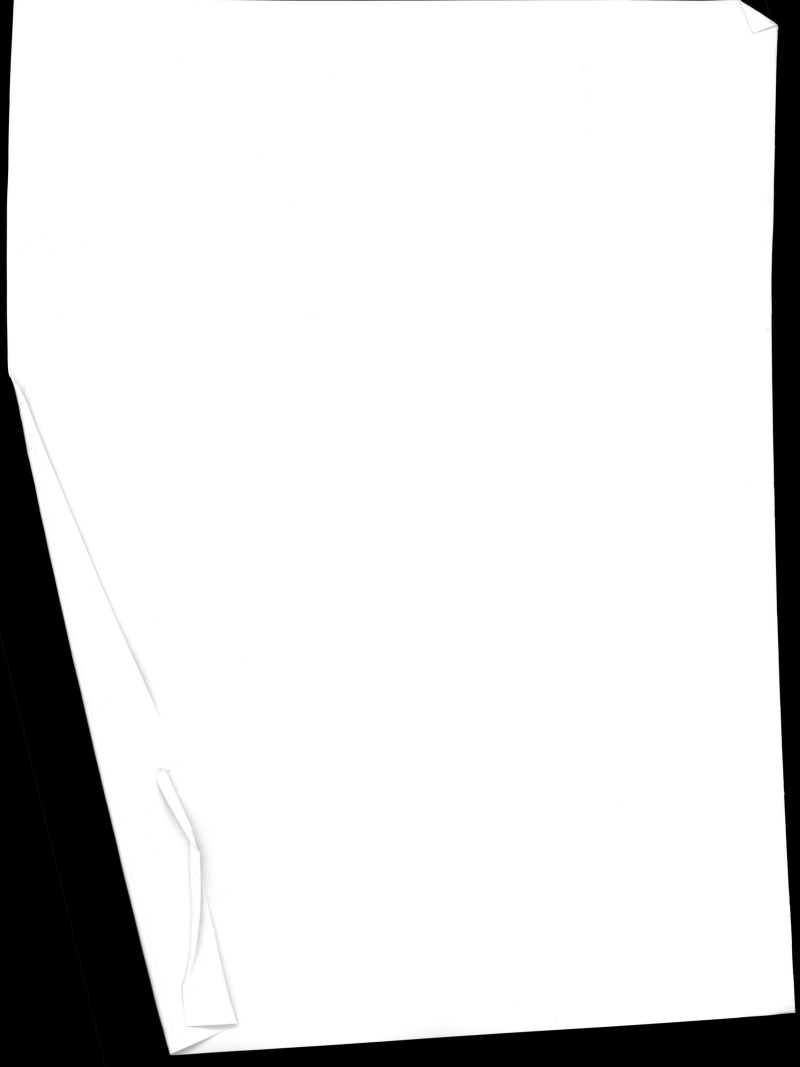

我心爱的绘龙

WO XIN'AI DE HUILONG

内蒙古自然博物馆 / 编著

内蒙古人民出版社

图书在版编目（CIP）数据

我心爱的绘龙／内蒙古自然博物馆编著. —
呼和浩特：内蒙古人民出版社，2024.1
（爱上内蒙古恐龙丛书）
ISBN 978-7-204-17725-7

Ⅰ.①我… Ⅱ.①内… Ⅲ.①恐龙-青少年读物
Ⅳ.①Q915.864-49

中国国家版本馆 CIP 数据核字（2023）第 193402 号

我心爱的绘龙

作　　者	内蒙古自然博物馆
策划编辑	贾睿茹　王　静
责任编辑	董丽娟
责任监印	王丽燕
封面设计	李　娜
出版发行	内蒙古人民出版社
地　　址	呼和浩特市新城区中山东路 8 号波士名人国际 B 座 5 层
网　　址	http://www.impph.cn
印　　刷	内蒙古爱信达教育印务有限责任公司
开　　本	889mm×1194mm　1/16
印　　张	5.75
字　　数	160 千
版　　次	2024 年 1 月第 1 版
印　　次	2024 年 1 月第 1 次印刷
书　　号	ISBN 978-7-204-17725-7
定　　价	48.00 元

如发现印装质量问题，请与我社联系。联系电话：(0471)3946120

"爱上内蒙古恐龙丛书"
编委会

主　　编：李陟宇　王志利

执行主编：刘治平　张正福　曾之嵘

副 主 编：王　磊　安　娜

本册编委：哈海源　张宇航　石　宇　刘　乐
　　　　　杨中浩　貟锦晨

内蒙古恐龙新闻站

恐龙快讯

看图文科普，快速解锁恐龙新知识。

格氏绘龙

的秘密武器是什么？

恐龙世界

观看在线视频，享受视觉盛宴。

走近恐龙

揭开不为人知的秘密！

星天池龙

秘氏天链

恐龙访谈

倾听恐龙的心声

听说恐龙们都很有故事。

没办法，活得久见得多。

请展开讲讲……

恐龙拼图

玩拼图游戏，拼出完整的恐龙模样

你最喜爱哪一种？

恐龙的种类上千种

内蒙古人民出版社 **特约报道**

内蒙古自治区二连浩特市

温度：28℃

前　言

　　数亿年来，地球上出现过许多形形色色的动物，恐龙是其中最令人着迷的类群之一。恐龙最早出现在三叠纪时期，在之后的侏罗纪和白垩纪时期成为地球上的霸主。那时，恐龙几乎占据了每一块大陆，并演化出许多不同的种类。目前世界上已经发现的恐龙有1000多种，而尚未被发现的恐龙种类或许远超这个数字。

　　你知道吗？根据中国古动物馆统计，截至2022年4月，中国已经根据骨骼化石命名了338种恐龙，而且这个数字还在继续增长。目前，古生物学家在我国的26个省区市发现了恐龙化石，其中，内蒙古仅次于辽宁，是发现恐龙化石种类第二多的省区。

　　内蒙古现有40多种恐龙被命名，种类丰富，有很多具有重要的科研价值，如巴彦淖尔龙、独龙、乌尔禾龙和绘龙等。

　　你知道哪只恐龙创造过吉尼斯世界纪录吗？你知道哪只恐龙被称为"沙漠王者"吗？你知道哪只恐龙练就了"一指禅"功法吗？这些问题，在"爱上内蒙古恐龙丛书"中，都能找到答案。

　　"爱上内蒙古恐龙丛书"选取了12种有代表性的在内蒙古地区发现的恐龙，即巴彦淖尔龙、中国鸟形龙、临河盗龙、临河爪龙、乌尔禾龙、鄂托克龙、阿拉善龙、鹦鹉嘴龙、巨盗龙、绘龙、独龙和耀龙，详细介绍了这些恐龙的外形特征、发现过程以及家族成员等。每一种恐龙都有一张属于自己的"名片"，还有精美清晰的"证件照"，让呈现在读者面前的恐龙更加鲜活生动。

　　希望通过本丛书的出版，让大家看到内蒙古恐龙，乃至中国恐龙研究的辉煌成就，同时激发读者对自然科学的兴趣。

　　在丛书的编写过程中，我们借鉴了业内专家的研究成果，在此一并致谢！

第一章 恐龙驾到

　　我们都知道，恐龙生活在中生代，古生物学家通常将这个时代称为"恐龙时代"，因为恐龙是这个时期的优势物种，在地球上称霸了 1.6 亿年之久。在漫长的岁月中，肉食性恐龙逐渐修炼出独属于自己的武学秘技，植食性恐龙也演化出各种"防御性武器"。

　　提到武器，你会想到什么呢？刀剑、枪炮，还是坦克？可是在恐龙时代，这些武器并不存在。

虽然目前已经发现和认识了许多恐龙，但还有很多与恐龙相关的知识有待我们进一步发掘。如果你对恐龙充满好奇，那就随我们一起到恐龙世界看个究竟吧。

全球征集令

恐龙武器库即将对外开放。为了进一步充实、丰富武器库，特向海内外公开征集恐龙的独门"武器"，攻击性武器和防御性武器均可。一经收入武器库，将授予捐赠者"恐龙猎人"的称号，并给予相应回馈。

**征集时间：
自发布之日起，
长期有效！！！**

*Pinacosaurus
grangeri*

格氏绘龙

*Lynx
lynx*

诺古

哈喽，大家好，很高兴在这里见到大家，我是绘龙。

绘龙先生，您好。非常感谢您来参加恐龙访谈节目。不瞒您说，在见到您之前，我都没有听说过绘龙。

没关系的，今天我来到这里就是为了让更多的人认识绘龙。其实，说起我的家族，恐怕无人不知，无人不晓。

哦？您的家族是……

访谈

主持人：诺古　本期嘉宾：格氏绘龙

我的家族被称为"恐龙中的坦克"。想必不用我多说，你已经知道了。

原来您是甲龙家族中的一员啊，失敬失敬。我还以为您是一种新发现的喜欢绘画的恐龙呢。

什么？绘画？你可真有趣。我们格氏绘龙的拉丁文学名是 *Pinacosaurus*，翻译过来就是 Plank lizard，其中的"plank"是"厚木板"的意思。

原来是这样啊。我猜定是因为您宽厚的身形和绘画的画板似的，所以才被大家称作"绘龙"。

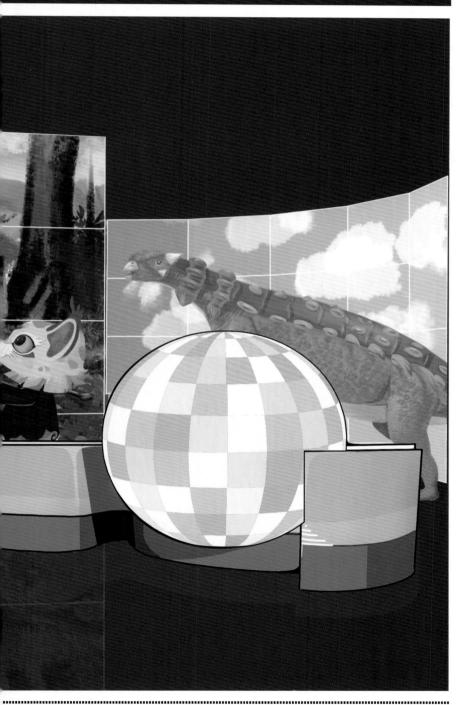

矩形盾

你看到这些覆盖在我头部的矩形盾了吗？它们就像一块块木板似的，这才是我叫绘龙的原因！我根本不会画画，也不懂得用画笔保护自己。

您真是太风趣了。据说每一种恐龙都有自己的武学秘技。您的秘技应该就是"抡大锤"吧。

没错，绘龙身上自带一个"狼牙锤"。我们一般不主动惹事儿，但若其他恐龙招惹我们，那就另当别论了。

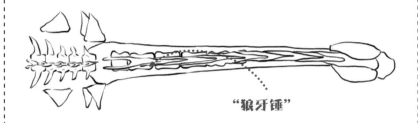

"狼牙锤"

在那个弱肉强食的时代，总得有点技能傍身。

是呀，除了攻击性武器，我们还自带防御性装备。我们有"铠甲"傍身，想要吃掉我们，可不是什么容易的事情。我们也因此被称为恐龙中的"坦克"。

太酷炫了吧。我们穿上防弹衣可能也达不到您这身"铠甲"的防护效果。

那我就不知道了，而且我也不想尝试，我只知道用这身"铠甲"对付一些肉食性恐龙足够了。

放心，枪炮是永远不会对准您的。您是我们请来的客人，更是我们的朋友。

这一点我倒是从未怀疑过。

"铠甲"

如果我也能像您一样，拥有一身这样的"铠甲"就好了，那样我再也不用担心自己会受伤了。

其实我们也有软肋。

啊，真的吗？不过，既然是软肋，我就不问您了。

其实只要你细心观察就能发现。

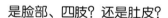

是脸部、四肢？还是肚皮？

等节目录制结束后，我悄悄地告诉你。其实你只看到"铠甲"带给我们的好处，要知道，凡事都有两面性。

让我想想，坦克坚固耐用，可以压制敌方力量，是一种很厉害的武器；可是论速度，相比军用飞机来讲，就慢了很多。您作为恐龙中的"坦克"，身披"重甲"，行动速度应该也不会快到哪里去。

你说的没错。一般情况下，我们的奔跑速度只有每小时 10 千米。

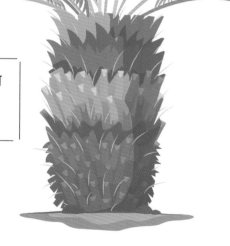

原来您过的才是诗人笔下的慢生活啊，可真羡慕您哪。

但是当其他恐龙招惹我们、激怒我们的时候，我们就会像犀牛似的又快又狠。

呃，我有点糊涂了。那您平时是吃肉还是吃植物呢？

苏铁

我们会吃一些粗糙而坚韧的树叶以及柔嫩多汁的果实。

说实话，您看着不太像吃素的……

我们只是长得凶罢了，你可不能"以貌取龙"啊。

哈哈，和您开个玩笑。

不过有些古生物学家认为我们还会吃一些小虫子，至于吃还是不吃，你们自己研究去吧。

哈哈，您还卖上关子了。好吧，那就辛苦古生物学家了。

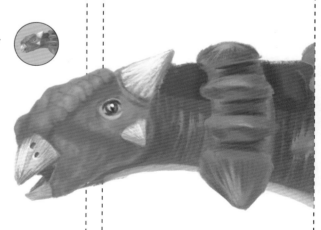

格氏绘龙

告诉你一个秘密，其实我们还会吃一些小石头，就像某些鸟类。

是的，现生的鸟类都没有牙齿，所以它们会吃些石头来促进消化。您吃石头不会是为了好玩吧?

我们虽然有牙齿，但比较小，并不能充分研磨食物，所以也会吃石头帮助消化。

原来是这样啊。不过您的牙齿看上去确实不适合吃肉。

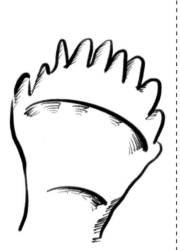

绘龙的牙齿

哈哈，其实我来参加访谈节目是为了完成一个心愿。

心愿? 您说说看，我一定尽力帮您实现。

我有一个失散多年的亲兄弟。

哦，我明白了，您是希望通过我们的节目找到它，对吗?

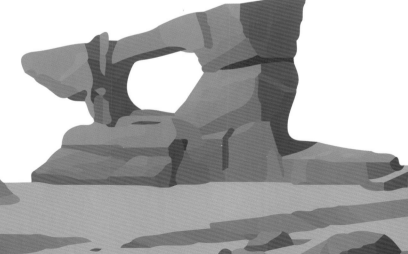

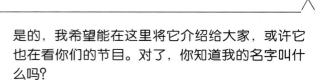

是的，我希望能在这里将它介绍给大家，或许它也在看你们的节目。对了，你知道我的名字叫什么吗？

难道不是绘龙吗？

其实我的全名叫格氏绘龙。我是 1923 年被你们人类发现的，而我的兄弟就没有我这么幸运了，它在阴冷的地下又足足待了 76 年，直到 1999 年才被古生物学家发现。

不得不说，比起您的兄弟，您真的是很幸运。那您的兄弟叫什么呢？

它叫魔头绘龙。目前，绘龙家族中只有我们两个种，所以我还是很珍惜这份兄弟情谊的。

魔头绘龙

您放心，我们会尽力帮您找到它的。

真的很感谢。你知道吗？在 1985 年之前，我的名字并不叫格氏绘龙。

但是根据《国际动物命名法规》，物种一旦被命名，是不能更改的呀。

《英语姓名译名手册》

的确如此，但我并没有更改名字啊。

您又把我弄糊涂了，您刚才还说您最初的名字不叫格氏绘龙。

没错，我的拉丁文名字从未变过，变的是翻译过来的名字。大家应该不难猜出，"格氏"指的是一个人，他的英文名字为 Grangeri，1985 年之前，这个英文名字被译为"谷兰阶"。

那 1985 年之后呢？

原来还有这样一段小插曲呢。但我还是更喜欢"格氏绘龙"这个名字。

1985 年新华社出版的《英语姓名译名手册》指出，Grangeri 应该翻译成"格兰杰"，"谷氏"应该改为"格氏"，所以，我的名字就从谷氏绘龙变成了格氏绘龙。

我觉得名字只是一个代号，最重要的还是我本身。

没看出来，您还很佛系呢！

生活本该如此，就像我们选择身披"重甲"，自然就要放弃追风逐电。

您说得很有道理。不知道甲龙家族的其他成员是不是也和您一样呢？

那就随我一起来了解一下它们吧！

敢吃我一锤吗？

格氏绘龙	全部

拉丁文学名： *Pinacosaurus grangeri* —

属名含义： 木板蜥蜴 —

生活时期： 白垩纪时期（约 8000 万年前） —

命名时间： 1933 年 —

格氏绘龙是中国最早被发现的一类甲龙，它们起初被归入结节龙科，后来随着进一步的发现，被归入甲龙科。

1923 年，美国自然历史博物馆的化石采集专家在一次中亚联合考察中发现了格氏绘龙，这位专家名叫格兰杰。他在外蒙古的戈壁地区发现了一些破碎的恐龙头骨以及骨板化石，美国的古生物学家查尔斯·惠特尼·吉尔摩对这些化石进行仔细研究后，发现其属于一种新的恐龙。1933 年，这种恐龙被命名为"格氏绘龙"，种名献给了它的发现者格兰杰。

绘龙家族目前只发现了两个种，即格氏绘龙和魔头绘龙。格氏绘龙是绘龙家族中的模式种，虽然后期在山东省又发现了一些绘龙化石，但因化石的完整度不高，不能确定具体的归属类别。

不过，随着研究的深入，古生物学家在内蒙古二连浩特市和巴彦淖尔市又发现了 20 多块格氏绘龙的化石标本，而且完整度很高，所以格氏绘龙的化石标本成为中国乃至世界保存数量最多的甲龙类恐龙化石标本。这些化石大多来自幼年格氏绘龙，而且它们被发现时是埋藏在一起的。据古生物学家推测，这些幼年恐龙很可能是被突如其来的沙尘暴掩埋的。

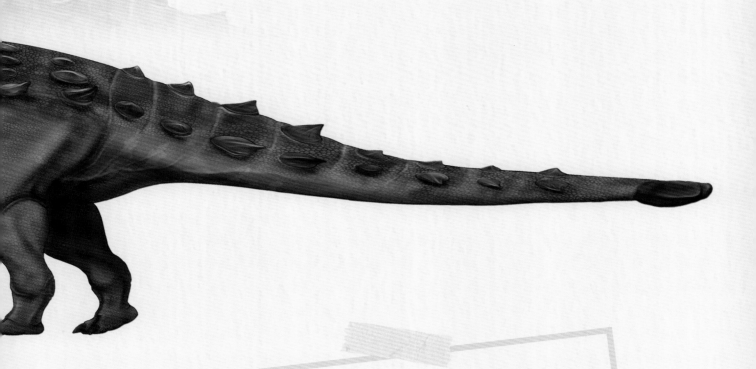

模式种像一个参照物，用来对比后期新发现的物种。也就是说，如果新发现的物种与这个参照物相似，那它就和模式种属于同一家族。

模式种

格氏绘龙

全部

在甲龙家族中，格氏绘龙的体形并不算大，成年后的绘龙身高约1米，体长可达5米。它们长约30厘米的头部覆盖着厚厚的骨板，就像戴了一个坚硬的面罩似的，可以有效地保护头部免受伤害。

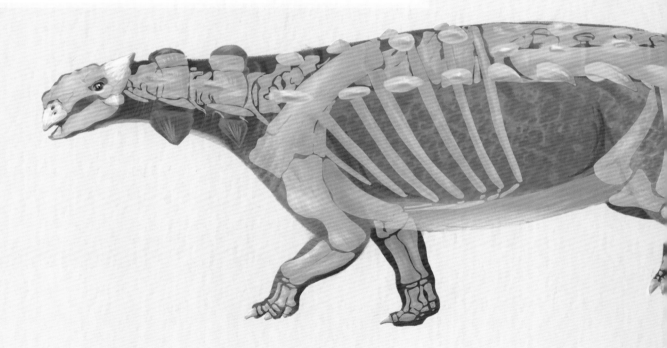

但是天热的时候，格氏绘龙头部厚重的面罩会让它们感到很闷热，所以为了保持头部的清爽，它们会利用鼻腔来调节温度。

格氏绘龙的鼻腔结构很复杂，里面长有血管，鼻孔处有几个椭圆形的小孔上下排列，小孔的数量不等，一般为2~5对（至于这些孔洞的作用，目前还没有明确的解释）。格氏绘龙和甲龙类的其他恐龙一样，背部都有厚厚的甲片，但格氏绘龙的甲片比其他甲龙类恐龙的要薄一些，上面有成排的"小钉子"，能起到双重防护的作用。

我心爱的
绘龙

格氏绘龙尾巴末端的 7 节椎骨愈合在一起，后面连接着一个骨质化的"大锤"。遇到危险的时候，它们就会用这个"大锤"给敌人致命一击。

格氏绘龙的"盔甲"是由一块块甲片组成的，并不像乌龟壳那样是一个整体。它们的头部、颈部、背部和尾部都均匀地覆盖着坚硬的甲片，这些甲片与皮肤长在一起，里边布满毛细血管。科学家推测，格氏绘龙这身"盔甲"的颜色可能会随着心情的变化而变化。

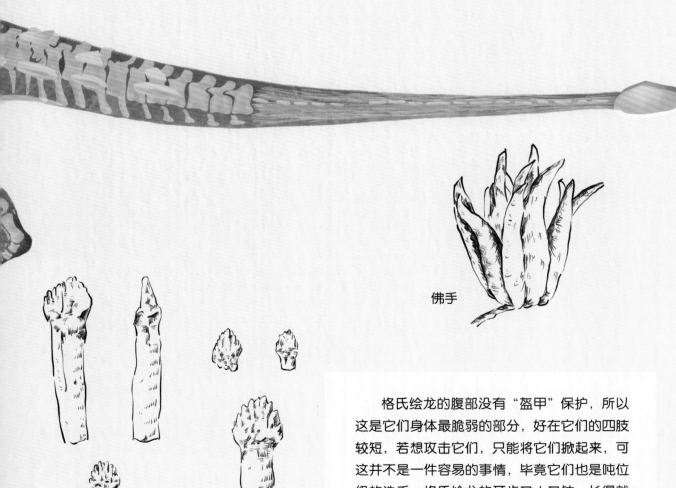

佛手

格氏绘龙的牙齿

格氏绘龙的腹部没有"盔甲"保护，所以这是它们身体最脆弱的部分，好在它们的四肢较短，若想攻击它们，只能将它们掀起来，可这并不是一件容易的事情，毕竟它们也是吨位级的选手。格氏绘龙的牙齿又小又钝，长得就像佛手（一种植物的果实）似的，通常以树叶、软果为食。

格氏绘龙家族树

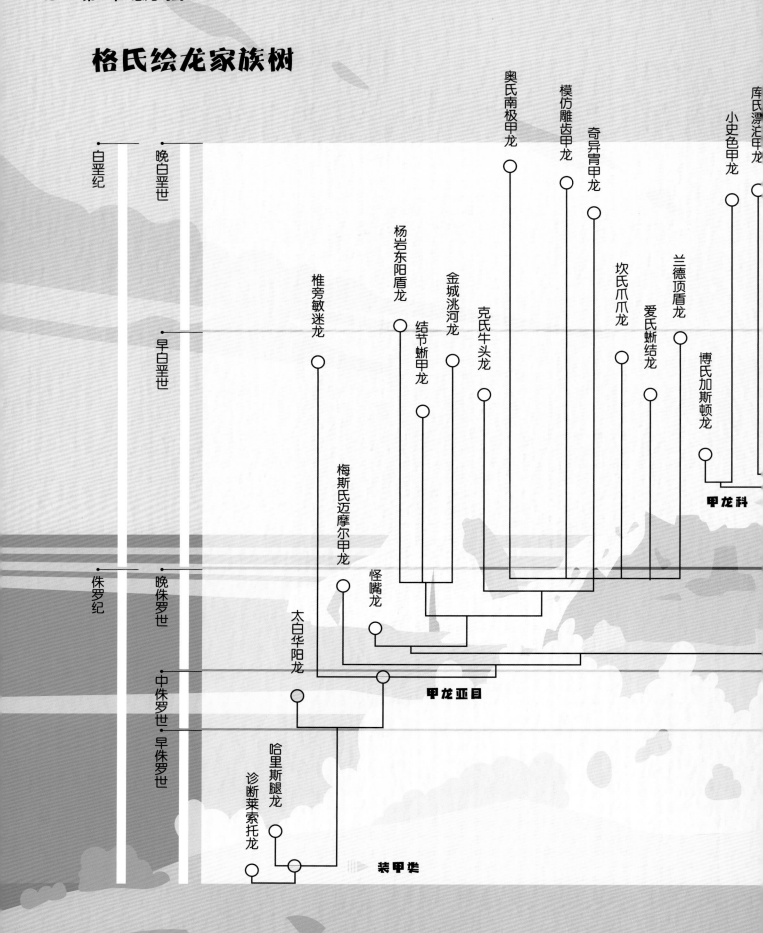

白垩纪

晚白垩世

早白垩世

侏罗纪

晚侏罗世

中侏罗世

早侏罗世

奥氏南极甲龙

模仿雕齿甲龙

奇异胃甲龙

库氏漂泊甲龙

小史色甲龙

杨岩东阳盾龙

金城洮河龙

坎氏爪爪龙

兰德顶盾龙

椎旁敏迷龙

结节蜥甲龙

克氏牛头龙

爱氏蜥结龙

博氏加斯顿龙

甲龙科

梅斯氏迈摩尔甲龙

怪嘴龙

甲龙亚目

太白华阳龙

哈里斯腿龙

诊断莱索托龙

装甲类

0.66亿年前

朝阳传奇龙
藏匿戈壁龙
装甲沙漠龙
步氏克氏龙
中国缙云甲龙
洛阳中原龙
格氏绘龙
魔头绘龙
丽水浙江龙
美甲龙属
多智龙属
猬甲龙属
倍甲龙属
篮尾龙属
天镇龙属
甲龙属
无齿甲龙属
包头龙属
刺甲龙属
齐亚甲龙属

1亿年前

甲龙族

甲龙亚科

1.45亿年前

甲龙亚目包含甲龙科和结节龙科，这个家族的恐龙用四足行走，大多以植物为食。它们生活在侏罗纪早期到白垩纪末期，是最晚灭绝的一类恐龙。

1.64亿年前

1.74亿年前

现在大家应该对我有一定的了解了吧。接下来，我要隆重地为大家介绍我们家族的其他成员！

2.01亿年前

第二章 恐龙速递

　　大约在 2.3 亿年前的三叠纪，一类名叫恐龙的爬行动物出现了，它们是中生代时期地球上的主要居民，几乎占据了当时的每一块大陆。

我心爱的
绘龙

迄今为止，全世界发现的恐龙有 1000 多种。古生物学家根据恐龙的骨骼特征等将恐龙分为诸多类别，如甲龙类、剑龙类和角龙类等。每个家族都有许多成员，它们有着共同特征却又各有特色：有些尾巴长着大锤，有些尾巴长着尖刺；有些喜欢吃植物，有些喜欢吃鱼；有些头上长着"长管"，有些头上戴着"头盔"……

我可是名副其实的大明星

🔍 | **明星天池龙** | 全部

拉丁文学名： *Tianchisaurus nedegoapeferima* —

属名含义：天池发现的蜥蜴 —

生活时期：侏罗纪时期（1.76 亿 ~ 1.61 亿年前） —

化石最早发现时间：1974 年 —

1974 年，新疆大学地质地理系师生在野外实习时采集到一具化石并将其送到了北京，交由古生物学家董枝明研究。由于化石发现地距离新疆天池不远，所以命名为"天池龙"。

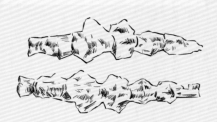

明星天池龙的荐椎

明星天池龙的种名"nedegoapeferima"由电影《侏罗纪公园》几位主演的姓氏前两个字母组成，汉译为"明星"。之所以这样命名，是为了致敬 1993 年上映并在全球掀起恐龙热潮的电影《侏罗纪公园》，因为这部电影将科学界关于恐龙的最新认知传递给大众，为推动恐龙科普工作做出了贡献。

明星天池龙是目前在亚洲发现的最古老的甲龙，体形较小，在甲龙家族中算是小个子。但不同于其他成员扁扁的脑袋，明星天池龙的头骨比较高，上面有一些纵向的纹饰。

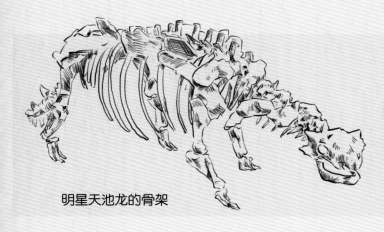

明星天池龙的眼睛比较小，可能有些近视，但嗅觉非常敏锐，可以帮助它们感知周边的环境。

明星天池龙的骨架

苦苦地等待……

> 🔍 | **丽水浙江龙**   全部

拉丁文学名： *Zhejiangosaurus lishuiensis*   -

属名含义： 浙江发现的蜥蜴   -

生活时期： 白垩纪时期（8000 多万年前）   -

化石最早发现时间： 1976 年   -

1976 年，一个名叫陈国富的农民在挖树坑时，意外发现了一块"像骨头的石头"。陈国富把这块"石头"挖出来后，越看越觉得不像寻常之物，于是就将其寄给了中国科学院。当古生物学家董枝明打开这个意外的包裹时，直觉告诉他，这是一块古生物化石。的确，这是一块恐龙腿骨化石。2007 年，学者吕君昌等人将这只恐龙命名为"丽水浙江龙"。

丽水浙江龙是浙江龙的模式种，属于结节龙家族。它们虽然没有尾锤这一强有力的武器，但颈部、背部和尾部也都有坚硬的"盔甲"保护。古生物学家推测，它们左右两侧的背板上应该还有一些"小钉子"从颈部延伸到尾部。

董枝明是一位著名的古生物学家，他是世界上第一个在北极地区发现恐龙化石的人。他曾命名了 35 种恐龙，包括李氏蜀龙、太白华阳龙等。他还建立了中国第一个恐龙博物馆——自贡恐龙博物馆。

董枝明

吕君昌是中国地质科学院地质研究所的一位副研究员，2018年逝世。他主要研究中生代时期的爬行动物，如翼龙、恐龙。由他命名的爬行动物有模块达尔文翼龙和巨型汝阳龙等。

吕君昌

我是"水陆两栖坦克"

拉丁文学名： *Liaoningosaurus paradoxus* －

属名含义： 辽宁发现的蜥蜴 －

生活时期： 白垩纪时期（约 1.22 亿年前） －

命名时间： 2001 年 －

奇异辽宁龙由古生物学家徐星等人命名。它们是甲龙家族中的一员，也是热河生物群中发现的第一种甲龙类恐龙。目前已经发现了几十块奇异辽宁龙的骨骼化石，长度几乎都不足 50 厘米。起初，古生物学家认为这些都是幼年奇异辽宁龙的骨骼化石，但最新的研究表明，这些化石是成年奇异辽宁龙的。所以，奇异辽宁龙是目前发现的最小的甲龙类恐龙，是甲龙家族中的"小不点儿"。

奇异辽宁龙身上不仅有甲龙科恐龙的特征，还有结节龙科恐龙的特征，所以它们到底归属哪一类，还是未知。奇异辽宁龙就是谜一样的存在，它们的牙齿又长又尖，与其他甲龙类恐龙不同；四肢较长，肢端长有锋利的爪子；身体"全副武装"，背部和腹部都有"盔甲"保护，像乌龟壳似的。古生物学家认为奇异辽宁龙的"奇异"之处可能与它在水生环境中生存有关。它们也因此被称为小型的"水陆两栖坦克"。

我心爱的
绘龙

徐星是世界上命名恐龙有效属种最多的古生物学家之一，主要从事中生代爬行动物化石及相关地层的研究工作，在鸟类起源和羽毛起源研究等方面做出了重大贡献。

徐星

奇异辽宁龙的牙齿

在第二件奇异辽宁龙化石标本中，古生物学家意外地发现其腹部保留了食物残骸。经鉴定，这些残骸是鱼类以及小型爬行动物的。如此看来，它们尖尖的牙齿就是这样进化出来的。

可以帮我寻根溯源吗？

🔍 **洛阳中原龙** | **全部**

拉丁文学名: *Zhongyuansaurus luoyangensis* —

属名含义: 中原地区发现的蜥蜴 —

生活时期: 白垩纪时期（约 1 亿年前） —

化石最早发现时间: 2007 年 —

洛阳中原龙是中原龙的模式种，2007年由古生物学家徐星等人命名。它的尾部没有"大锤"，所以曾被归入结节龙科。2008 年，又被归入甲龙科；2012 年，又被归入沙漠龙科；2015 年，又被认为和戈壁龙是一个物种……总之，洛阳中原龙的归属一直在变，因为它兼具了结节龙科和甲龙科恐龙的特征。

沙漠龙是 1977 年在蒙古国发现的一种甲龙类恐龙，由于发现地是一片荒漠戈壁，所以古生物学家将其命名为"沙漠龙"，命名时间为 1983 年。沙漠龙和戈壁龙长得十分相似。

沙漠龙

我心爱的
绘龙

洛阳中原龙的头骨

洛阳中原龙的化石完整度比较高，可达 80%。复原后的洛阳中原龙身长 5 米，宽 1.2 米，高 1.3 米，相当于一个 8 岁小孩的身高。古生物学家不仅发现了比较完整的洛阳中原龙的头骨，还发现其尾椎末端没有"大锤"构造，为甲龙类恐龙演化的研究提供了重要证据。

我可是国字号的缙云军

🔍 **中国缙云甲龙** | 全部

拉丁文学名： *Jinyunpelta sinensis* 　 —

属名含义： 缙云地区发现的蜥蜴 　 —

生活时期： 白垩纪时期（约 1 亿年前） 　 —

化石最早发现时间： 2013 年 　 —

　　2018 年 2 月 27 日，"中国缙云甲龙"这个名字出现在《科学报告》杂志中。它是目前发现的最古老的有尾锤的甲龙类恐龙。此前，这个荣誉属于本书的主角，也就是生活在 8000 多万年前的格氏绘龙。中国缙云甲龙的发现将具有尾锤的甲龙类恐龙的历史又向前推进了 1000 多万年，说明白垩纪中期甲龙类恐龙就已经进化出了尾锤。

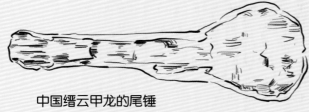

中国缙云甲龙的尾锤

　　中国缙云甲龙的种名是响当当的国字号。它们身披"铠甲"，上面还分布着大小各异的尖刺，给人一种不可侵犯的感觉。不过，中国缙云甲龙坚强的外表下藏着一颗柔弱的心，它们是地地道道的素食主义者，而且喜欢和家族其他成员生活在一起。

我心爱的
绘龙

　　中国缙云甲龙的化石保存得较为完好，有比较完整的头骨和尾锤，尾锤最宽处有 50 厘米左右，打破了古生物学家的先见：甲龙的尾锤是一点点变大的。由此看来，尾锤的演化远比我们想象的复杂。

我还会长得更大

🔍 朝阳传奇龙	全部

拉丁文学名： *Chuanqilong chaoyangensis* —

属名含义： 传奇的蜥蜴 —

生活时期： 白垩纪晚期（1.22 亿～ 1.18 亿年前） —

命名时间： 2014 年 —

朝阳传奇龙的化石发现于辽宁省朝阳市。它是传奇龙家族的模式种及唯一种，属名由"传奇"的汉语拼音拼写而成，意指辽宁省朝阳市是一个传奇的地方，有丰富的化石资源。

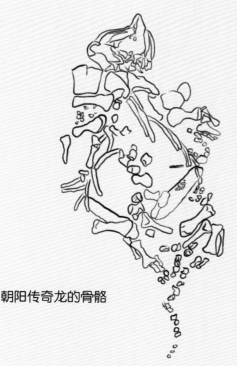

朝阳传奇龙的骨骼

朝阳传奇龙的化石标本比较完整，特别是保存有较完整的尾椎结构，对"甲龙类恐龙尾锤的起源与演化"这一课题的研究有重要意义。

甲龙类恐龙生活在侏罗纪早期至白垩纪晚期，是一类比较常见的恐龙。生活在侏罗纪时期的甲龙体形都比较小，身长只有 2~3 米；到了白垩纪时期才逐渐变大。

目前发现的这具朝阳传奇龙化石长约 4.5 米，古生物学家根据其骨骼愈合程度推测，这只恐龙处于幼年阶段，成年后体形会变得更大，这也是甲龙类恐龙的体形从白垩纪时期开始逐渐变大的最好证明。

极具责任感的"装甲战士"

Q　杨氏天镇龙	全部

拉丁文学名： *Tianzhenosaurus youngi* －

属名含义： 天镇发现的蜥蜴 －

生活时期： 白垩纪时期（9900 万 ~ 7100 万年前） －

命名时间： 1998 年 －

　　1983 年，地质研究员在山西省大同市天镇县进行中生代地层考察时发现了 12 节相连的恐龙尾椎化石。后来经过几次大规模的挖掘，采获了 2300 多块恐龙化石，其中，甲龙类恐龙的化石最为丰富，包括 4 个头骨和一些分散的骨架、尾锤等。

　　4 个头骨中保存得最完好的头骨的拥有者被命名为"杨氏天镇龙"，种名"杨氏"献给了中国古脊椎动物学奠基人杨钟健教授，以纪念他的百年诞辰。杨氏天镇龙自 1998 年命名以来，一直备受争议，许多学者认为它们与美甲龙是同物异名的关系。2020 年，有关它们"性双形现象"的研究表明，杨氏天镇龙是一个独立有效的物种，从而也证实了中国甲龙类恐龙的多样性。

杨氏天镇龙是一种体形中等的甲龙类恐龙。古生物学家研究了4具杨氏天镇龙的骨骼化石后发现，它们的雌雄个体存在差异，也就是说，它们具有明显的性双形现象。对于古生物来说，由于化石的不完整性和挤压受损等原因，想要分辨它们的性别是一件极具挑战性的事情。

杨氏天镇龙喜欢群体生活。雄性个体具有两个粗大、向后方延伸的骨角以及较大的尾锤，雌性个体的骨角和尾锤较小，所以古生物学家推测雄性杨氏天镇龙应该承担着保护家庭成员的重任。

我有双重姓氏

🔍 步氏克氏龙	全部

拉丁文学名： *Crichtonsaurus bohlini* －

属名含义： 克氏蜥蜴 －

生活时期： 白垩纪时期（1亿～9000万年前） －

化石最早发现时间： 2001年 －

"步氏克氏龙"这一名字首次出现在2002年第4期《古脊椎动物学报》上，其属名"克氏"献给了科幻小说《侏罗纪公园》的作者迈克尔·克莱顿，种名献给了为中国古脊椎动物学研究做出重大贡献的瑞典古生物学家步林。

步氏克氏龙发现于辽宁省北票市，是一种体形中等的甲龙。它们的四肢粗短，头骨宽扁，背部有"铠甲"覆盖，尾部有"大锤"，看起来比较凶猛；但它们是典型的植食性恐龙，牙齿较小，边缘还有一些小锯齿，可能主要以一些低矮的植物和嫩叶为食。

步氏克氏龙遇到危险的时候会快速地摆动尾锤，并不停地转动身体用尾锤击打攻击者。古生物学家认为步氏克氏龙的尾锤或还可用于种内展示和斗争。

步氏克氏龙的发现对于研究辽宁省北票地区晚白垩世地层划分和甲龙类恐龙的演化有着重要意义。

第三章 恐龙猎人

中生代时期，地球是爬行动物的天下，无论是海洋、天空，还是陆地，都有它们的身影。海洋中，有鱼龙类和蛇颈龙类等海生爬行动物畅游；天空中，有翼龙类等会飞的爬行动物翱翔；陆地上，有被称为"恐怖蜥蜴"的恐龙称霸！

恐龙在地球上生活了 1.6 亿年之久，它们拥有惊人的适应能力，随着环境的变化演化出独特的身体结构和生存技能，进而成为中生代时期最繁盛和最具生存优势的脊椎动物。

我心爱的
绘龙

　　恐龙凭借自身强大的实力，"一刀一剑"地闯出属于自己的天地。恐龙王国中高手云集，它们都有自己的"武器"，比如暴龙的"锋利牙齿"，禽龙的"尖锐拇指"，甲龙的"无敌铠甲"，剑龙的"祖传利剑"等。那你知道本书的主人公——绘龙，它的武器是什么吗？下面就随恐龙猎人诺古一起去恐龙武器库寻找一下绘龙的武器吧。

恐龙武器库

每一个生命来到这个世间，都会留下一些痕迹，或是一颗牙齿、一根毛发，或是一段话。

1991 年，瑞士古生物学家卡比·希伯率领的科考队在美国怀俄明州发掘出一具保存完好的异特龙化石，这是到现在为止发现的最完整的异特龙化石标本，化石标本的完整度约有 95%。古生物学家给这只异特龙起了一个可爱的名字——"大艾尔"（英文名为"Big Al"）。

大艾尔

大艾尔是一个未成年的小家伙，不过，它已经在地下静静地沉睡了一亿多年，直到古生物学家凿开岩层，它才重见天日，为我们讲述了它的故事。

大艾尔的骨架

在约 1.55 亿年前的一天，身长约 7 米的大艾尔一瘸一拐地走在大地上。它右脚上的伤口已经溃烂，所以它走的每一步都很煎熬，最终，饥肠辘辘的大艾尔倒在了荒野中……我们都知道，异特龙是非常优秀的杀手——它们后肢强健，奔跑速度非常快；嘴中有 70 多颗锋利如匕首的牙齿；嗅觉敏锐；粗壮的前肢肢端长有长约 25 厘米的利爪——这些特征使得它们成为那个时期的狠角色。

异特龙

当然，最受瞩目的还是异特龙眼睛上方那对三角形的角冠。

这对角冠比较脆弱，应该不是防身武器。古生物学家推测这对角冠很可能是为了吸引异性而生。

那么，究竟是什么原因让如此凶残的猎食者落到这般田地呢？

古生物学家经研究，发现大艾尔曾经遍体鳞伤，它全身上下加起来有近 20 处骨折和感染的痕迹——不仅受到过其他恐龙的攻击，而且遭到过猎物的反抗。

可见，没有哪只恐龙会束手就擒，它们也会进化出独特的"防御性武器"来保护自己。下面，我们就来认识一下这些五花八门的武器吧！

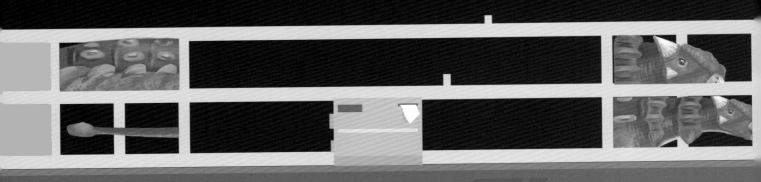

① 武器柜

武器档案①

40

我心爱的绘龙

- 名称：甲龙
- 所属家族：甲龙类（*Ankylosauria*）
- 家族名称含义：僵硬的蜥蜴
- 家族成员：格氏绘龙、中国缙云甲龙和奇异辽宁龙等

武器：

1. 坚硬的骨板
2. 背部的尖刺
3. 结实的"头盔"
4. 灵活的尾锤
5. 颈部的尖刺

- 防御等级：★★★★★

在弱肉强食的生存环境中，甲龙类恐龙拥有顶级的防御装备。

甲龙类恐龙常被人称为恐龙中的"坦克"，因为它们的脖子、背部甚至尾巴都有"铠甲"保护，而且上面长满坚硬的骨刺，让一些肉食性恐龙望而生畏。更有甚者，如奇异辽宁龙，它们的腹部也有"铠甲"保护，就像有金钟罩护体似的。

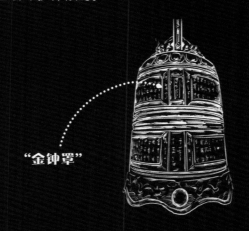

"金钟罩"

当然，这种身体结构在现生动物中也可以见到，它们就是存活了亿万年之久的龟类。还有包头龙，它们连眼睑都有甲片保护，可谓把防护做到了极致。甲龙类恐龙的尾巴有三种不同的形态，可作为武器使用的有甲龙科恐龙的尾锤以及顶尾甲龙的"黑曜石锯剑"。

奇异辽宁龙

大部分甲龙科恐龙都有一个很灵活的尾锤，遇到危险的时候，它们只需左右甩动这个"流星锤"，就可以给敌人以重创，甚至使其毙命。顶尾甲龙的尾巴像一把锋利的"黑曜石锯剑"，被这样的武器攻击，即使不会毙命，也免不了皮开肉绽。

"流星锤"

结节龙科恐龙没有尾锤，它们的防御性武器是"利剑"，这些"利剑"长在肩膀上，加之它们的身体也有"铠甲"保护，所以想要吃掉它们真不是一件容易的事情。

"利剑"

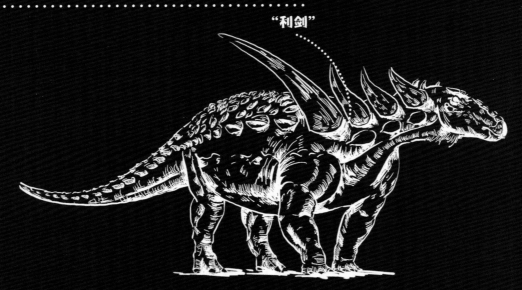

➤ **灵敏指数：** ★★

甲龙类恐龙的体重基本都是以吨来论的，肉可能没有多少，单是那身厚重的"铠甲"就足够重了。

⚠ **注意：** 防护"铠甲"并不能随意穿上或脱下，因为它们长在皮肤上，就像鳄鱼的甲片一样，与皮肤紧密相连。所以像这个吨位的选手，它们平时的行动是十分缓慢的。不过这并不意味着它们甩动尾锤的速度也很慢，如果是那样，怎么能"一招制敌"呢？

➡ 战斗等级： ★★★

顶级防御性武器 + 低灵敏度 = 必杀技——抡"大锤"/刺穿一切

只有特别凶猛或者特别饥饿的肉食性恐龙才会招惹甲龙家族，不是万不得已是不会打它们的主意的。

➡ **包头龙**

你该不会认为这是一种生活在内蒙古包头市的恐龙吧？

其实它生活的地方距离包头市挺远的。包头龙又叫作"优头甲龙"，在甲龙家族中属于体形较大的，其化石保存完整度也较高。

之所以叫作"包头龙"，是因为它和大多数甲龙不同，它除了身上披着厚重的"铠甲"外，头部也被"铠甲"包裹起来，甚至连眼睑都有甲片保护。

头部的甲片

眼睑上的甲片

包头龙是甲龙家族中第一个在化石中发现甲片的恐龙，它们的甲片呈椭圆形，并深深地嵌在皮肤中，甲片上还有数列短刺。

除此之外，包头龙的身体上还长着尖利的骨刺，尾部也有"大锤"，一个"神龙摆尾"就能把猎食者撂倒。当然，包头龙并不是无懈可击，它们的腹部没有"铠甲"保护，所以若想攻击它们，得先想想如何把它们翻过来。

包头龙的四肢较短，身高和 8 岁小孩差不多。

虽然它们看起来比较呆，但身体还是很灵活的。包头龙四肢上的爪呈蹄状，所以古生物学家推测，它们可能具备挖掘的能力，以便于寻找食物、水源或者保护自己。

包头龙的牙齿较小，身体低矮，所以只能吃一些较矮的蕨类植物。

➡ 妖甲顶尾甲龙

顶尾甲龙得名于身上的"铠甲"和奇特的尾巴。

顶尾甲龙的模式种是妖甲顶尾甲龙，种名"妖甲"意指神话中一种长有甲片的神秘生物。

妖甲顶尾甲龙大约有2米
长，0.6米高，在甲龙家族中，
属于体形较小的恐龙，不过，
它的脑袋却比大多数甲龙大。

**妖甲顶尾甲龙的嘴巴比较窄，有着剑龙似
的角质喙。**最奇特的是它的尾巴：不似其他甲龙的尾
巴那么长，仅占身体长度的1/3左右；尾巴上面覆盖着
14块骨板，每块骨板就像刀片似的，两侧带刃。这在目
前发现的装甲类恐龙中是独一无二的，就像印第安人发
明的"黑曜石锯剑"似的，极具杀伤力。

**妖甲顶尾甲龙的发现让我们对未曾知晓的甲龙类恐龙演化支有了一定的了解，也
使甲龙类恐龙成为唯一一种尾部拥有三种攻击性武器的类群。**

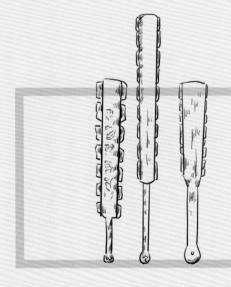

黑曜石锯剑是古代阿兹特克人使用的一种
冷兵器，用一根长约2米的扁平木板和一些黑
曜石碎块制成，是一种杀伤力很大的武器。

黑曜石锯剑

甲龙和剑龙的身体上都有骨板， 只不过甲龙的骨板平平地覆盖在背上，而剑龙的骨板则竖直地排列在背部的中线上，防护能力没有甲龙强。

不过它们都是通过甩动尾巴来击退敌人的，不同之处就在于尾巴上的武器。

武器档案②

➡ **名称：剑龙**

➡ **所属家族：剑龙类（*Stegosauria*）**

➡ **家族名称含义：有屋顶的蜥蜴**

➡ **家族成员：鄂尔多斯乌尔禾龙、四川巨棘龙和太白华阳龙等**

武器：

1. 尾部的尖刺

2. 肩部的尖刺

➡ **防御等级：★★★★★**

你知道吗？ 剑龙家族和甲龙家族是亲戚，它们虽然长相差别很大，但是身体结构和防御方式十分相似。

剑龙背部的骨板

甲龙背部的骨板

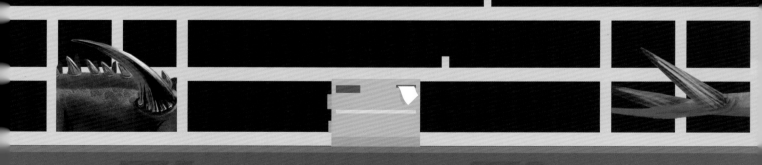

② 武器柜

剑龙尾巴上的武器是尖刺。剑龙家族大部分成员的尾巴上都有4根尖刺，这4根尖刺就像利剑似的。剑龙只需轻轻地甩一甩尾巴，就会让一些肉食性恐龙望而生畏。

古生物学家在一块异特龙的尾椎化石上发现了一处伤口，研究后发现，是剑龙的"利剑"所伤，可见其杀伤力。

四川巨棘龙

除此之外，剑龙家族一些成员的肩部也长有尖刺，如四川巨棘龙和太白华阳龙等。它们仿佛在警告猎食者：不要惹我，否则后果自负！

➤ **灵敏指数：★★**

剑龙的脑容量很小，所以古生物学家曾推测其尾部还有一个大脑，这个大脑主要控制它们身体的后半部分。但是随着进一步的研究，这种推测被否认，所谓的"第二大脑"不过是一个储存能量的器官。剑龙的大脑虽如胡桃般大小，但并不影响它们灵活地甩动尾部。

➤ **战斗等级：★★★★**

防御性尖刺 + 灵敏的尾巴 = 必杀技——"天玄北斗剑法"

剑龙的体形较大，有7～9米长，很难将自己隐藏起来，所以它们"剑走偏锋"，练就了一套"天玄北斗剑法"，只要甩动尾巴，对方不死即伤。

太白华阳龙

武器档案③

蜥脚类恐龙的防御技巧是变大，再变大，变成巨无霸。 大部分蜥脚类恐龙都没有什么防御装备，为了生存，它们只能通过吃来壮大自己的身体。所以自然而然地，它们进化出一系列辅助吃的"工具"，比如超长"捕食杆"和高效"发酵机"等。

➤ **名称：马门溪龙**

➤ **所属家族：真蜥脚类（*Eusauropoda*）**

➤ **家族名称含义：真蜥蜴的脚**

➤ **家族成员：合川马门溪龙和蜀龙等**

> **武器：**
>
> 1. **庞大的身体**
> 2. **长长的尾巴**
> 3. **"霹雳流星锤"**

➤ **防御等级：★★★**

蜥脚类恐龙 摘得了恐龙王国中多项桂冠，最重和最长的恐龙都出自这个家族。

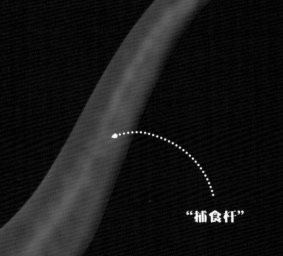

"捕食杆"

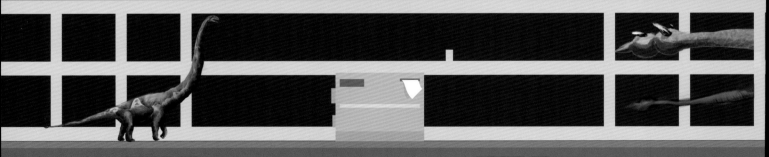

③ 武器柜

有些蜥脚类恐龙有长长的尾巴，像鞭子似的，如梁龙，它们习得了"九龙鞭法"，可以快速地甩动"长鞭"，让猎食者难以接近。还有一些蜥脚类恐龙的尾巴没有那么长，但有"霹雳流星锤"，如马门溪龙，足以让那些虎视眈眈的猎食者望而却步。

合川马门溪龙的尾巴

李氏蜀龙的"长鞭"

➤ **灵敏指数：** ★

蜥脚类恐龙脑袋小小的，所以论 IQ 排名，它们肯定榜上无名；庞大的身体也使它们的行动速度快不到哪去，所以面对猎食者，躲也躲不掉，跑也跑不掉，只能"兵来将挡，水来土掩"了。

➤ **战斗等级：** ★

庞大的身躯 + 群体力量 = 必杀技——"气吞山河"
蜥脚类恐龙算是恐龙家族中脾气最温和的，只有在迫不得已的情况下才会奋起反抗。

禽龙是第一种被发现的植食性恐龙，也是继斑龙之后第二种被命名的恐龙。

禽龙类恐龙生活在侏罗纪晚期到白垩纪晚期。古生物学家对它们外貌形态的认识也在逐渐发生变化，从最初的鼻子上长角且体长可达 18 米的大型蜥蜴，到像袋鼠一样可以站起来的巨兽，再到我们现在熟知的样子，人类对禽龙类恐龙的认知在不断深入。

武器档案④

- → 名称：禽龙
- → 所属家族：禽龙类（*Lguanodontia*）
- → 家族名称含义：鬣蜥的牙齿
- → 家族成员：完美巴彦淖尔龙、棘鼻青岛龙和杨氏锦州龙等

武器：

尖锐的大拇指

- → 防御等级：★★★

禽龙是一种充满传奇色彩的恐龙，它们引领人类走进了恐龙世界的大门。

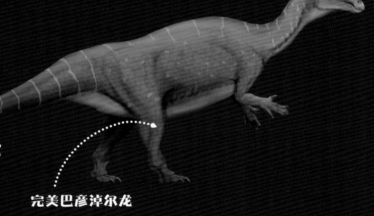

完美巴彦淖尔龙

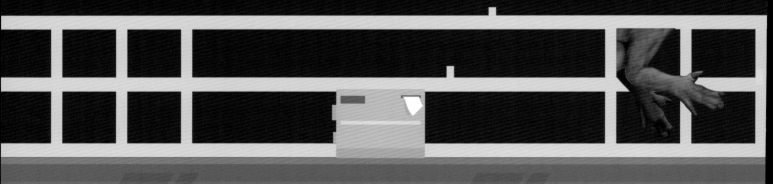

④ 武器柜

如今，我们知道禽龙的鼻子上并没有角，所谓的"角"长在它们的前肢上，是它们的有力武器。

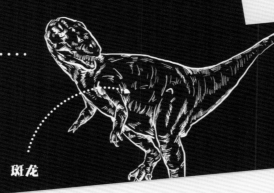

禽龙家族的成员喜欢群居生活，当它们遇到危险的时候，群体力量也是不容忽视的。

斑龙

斑龙

斑龙又叫巨齿龙，它们是第一种被科学地描述和命名的恐龙，体形庞大，头部较长，前肢肢端长着锋利的爪，嘴里长满小锯齿般的尖牙，一看就是为食肉而生。

➤ 灵敏指数：★★★

禽龙家族的成员体形都比较庞大，身长约 8 米，体重以吨为单位计量。不过，千万不要以为禽龙行动速度很慢，它们有着发达的后肢，奔跑时会把前肢抬起来，时速可达 24 千米。

➤ 战斗等级：★★★★

尖锐的大拇指 + 灵敏的操作 = 必杀技——"暗箭"

表面上看，禽龙并没有什么厉害的武器，可若是一些肉食性恐龙非要招惹它们的话，那它们极有可能被禽龙的"暗箭"所伤。

武器档案⑤

> 2008 年，古生物学家在辽宁省发现了一具鹦鹉嘴龙木乃伊化石。从这具木乃伊化石可以看出，鹦鹉嘴龙的尾部有管状的长毛覆盖，身体大部覆盖着鳞片。

> 鹦鹉嘴龙的脸部偏黑色，背部为深褐色，腹部的颜色相对较浅，前肢上面还有一些黑色斑点，这样的颜色搭配有利于它们隐藏自己。这也是现生动物常用的一种生存技巧——利用"反荫蔽"体色进行伪装。

➡ **名称：鹦鹉嘴龙**

➡ **所属家族：角龙类（*Ceratopsia*）**

➡ **家族名称含义：有角的面孔**

➡ **家族成员：西伯利亚鹦鹉嘴龙、蒙古鹦鹉嘴龙和内蒙古鹦鹉嘴龙等**

武器：

1. "隐身衣"

2. 小突起

➡ **防御等级：★★**

> 鹦鹉嘴龙的体形较小，1~2 米长，体重较轻，是白垩纪时期最常见的一类恐龙。

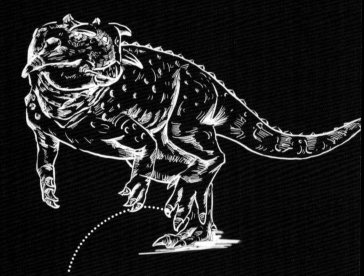

西伯利亚鹦鹉嘴龙

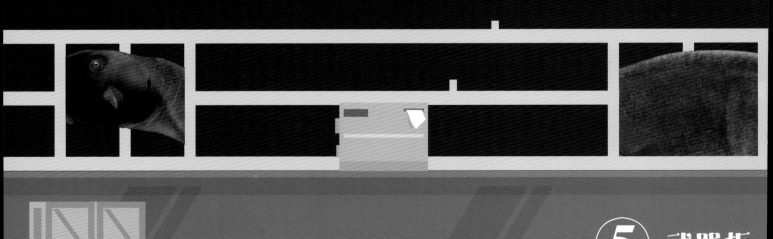

⑤ 武器柜

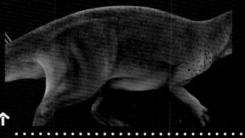

换句话说，鹦鹉嘴龙腹部的颜色较浅，而背部的颜色较深，这样可以有效地躲避肉食性恐龙的攻击。

俗话说"惹不起，躲得起"，鹦鹉嘴龙将这个战术运用得出神入化。

角质喙

鹦鹉嘴龙的脸上有两个小突起，可能是用来保护自己的，不过也仅限于种群内部争斗，对抗肉食性恐龙作用不大。虽然它们还长有坚硬的角质喙，且咬合力惊人，但也仅限于咬碎坚硬的食物，几乎不可能作为防身武器使用。

➤ **灵敏指数：★★★★**

鹦鹉嘴龙在恐龙王国中的个头并不算大。3 岁以前，它们多用四足行走；3 岁以后，后肢就像打了激素似的快速生长，所以，成年鹦鹉嘴龙的前肢较短，不能直接接触地面，但后肢强壮，可以快速地奔跑，再加上小巧的身体，开溜还是比较拿手的。

➤ **战斗等级：★**

"隐身衣" + 灵敏的操作 = 必杀技——"隐身高手"
鹦鹉嘴龙家族成员并没有"短剑""利刃"或"流星锤"等武器护体，它们只能通过隐藏自己来保证安全。在那个弱肉强食的时代，讨生活可不是一件容易的事哪！

三角龙的鼻子上有一个较短的角，眼睛上方有两个长约1米的角，这三个威武的角是与暴龙决斗的主要利器。

三角龙的颈部还有一个盾牌似的装置——颈盾。 虽然这个颈盾比一些角龙的颈盾短，但很沉，是实心的。当然，这么沉的颈盾需要发达的颈部肌肉和肩部肌肉才可以支撑起来。

武器档案⑥

➡ 名称：三角龙

➡ 所属家族：角龙类（*Ceratopsia*）

➡ 家族名称含义：有角的面孔

➡ 家族成员：三角龙、五角龙和戟龙等

武器：

1. "长矛"

2. "盾牌"

3. 尖刺

➡ 防御等级：★ ★ ★

"我头上有犄角，我身后有尾巴"，这句形容"小青龙"外貌的歌词用在三角龙身上也很合适哦。

三角龙的头颈部

⑥ 武器柜

古生物学家在三角龙的皮肤化石上发现了一些刺状突起，在臀部皮肤化石上发现了类似豪猪那样的刚毛结构。

战斗力排行榜：三角龙 < 五角龙 < 戟龙

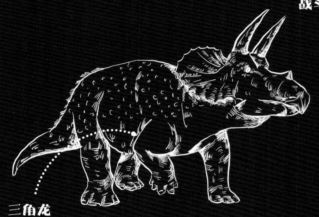

三角龙

除此之外，三角龙还有一个独特之处——它们的头部就像戴着一个头盔似的，被一块又大又硬的角质包裹着。

➤ **灵敏指数：★★★★**☆

三角龙的体长为 7.5 ～ 10 米，体重为 6 ～ 12 吨。它们多数时候用四足行走，有时候也可以站起来。它们的四肢和犀牛十分相似，应该可以像犀牛一样以每小时 55 千米的速度奔跑。

➤ **战斗等级：★★★★**☆

"长矛" + "盾牌" + 尖刺 = 必杀技——"顶顶顶"

角龙和暴龙是一对冤家，古生物学家在许多三角龙骨骼化石上都发现了暴龙的咬痕，在一些暴龙的化石上也发现了角龙造成的伤痕。多数情况下，角龙并不是暴龙的对手；但对于其他肉食性恐龙来说，角龙依然是难缠的对手。

武器档案⑦

➡ **名称：镰刀龙**

➡ **所属家族：镰刀龙类（*Therizinosauria*）**

➡ **家族名称含义：镰刀蜥蜴**

➡ **家族成员：意外北票龙和杨氏内蒙古龙等**

武器：

"大镰刀"

➡ **防御等级：★★**

　　镰刀龙的样貌很奇特——小小的脑袋，高高的个子，圆滚滚的"啤酒肚"，近 2 米长的前肢，前肢的爪的每个指上还长着一把近 1 米长的"镰刀"。这 6 把"大镰刀"让它们成为恐龙王国中名副其实的"金刚龙"。

　　不过，千万不要被它们的外貌欺骗，它们其实是兽脚亚目恐龙中的一股清流，只吃一些植物和昆虫，并不伤害其他的小动物，是一种比较温柔的恐龙。

杨氏内蒙古龙

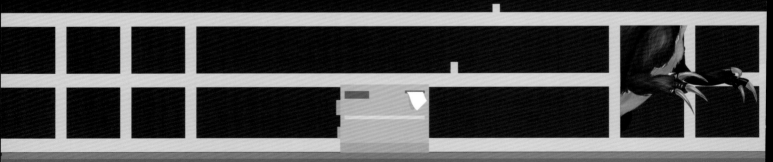

⑦ 武器柜

长长的锋利的"镰刀"可以帮助它们将高处的叶子轻松地取下来；同时也是它们保护自己的一种武器，起码可以在气势上吓退猎食者。

镰刀龙的爪子

➤ 灵敏指数：★

镰刀龙的后肢比较纤细，尾巴僵直，所以它们并不擅长奔跑。如果比谁跑得慢，那它们极有可能取得前三名的好成绩。它们走起路来像企鹅，十分缓慢，且不稳当，总是左摇右晃的。

➤ 战斗等级：★

"大镰刀" + 不够灵敏的操作 = 必杀技——"扇耳光"

别看镰刀龙有 6 把"大镰刀"，看着很威猛，其实它们有一个致命的弱点，你知道是什么吗？悄悄地告诉你，镰刀龙"扇敌人耳光"的时候，只能"扇"一下，下一次要等一等，至于等多久，要看镰刀龙的"怒气值"多长时间才能爆表。那些不熟悉它们的猎食者很可能会被它们这架势吓退。

龟形镰刀龙

而今，越来越多的恐龙化石出现在世人眼前，恐龙的武器库也在不断更新。不得不说，生命的演化是一个奇妙的过程。不论哪一种生命，植物也好，动物也罢，都在生命演化中提炼出自己的生存智慧。也正因如此，世界才变得缤纷多彩。

它的身世之谜

地球在 46 亿年的生命历程中孕育出百万甚至千万种神奇的生物，它们中的一部分被埋藏在地下并以化石的形式出现在我们面前，向我们讲述着它们的故事……

2011 年，一位名叫肖恩·方克的加拿大工人在一座矿山中挖到了一块特别坚硬的石头，石头上有一些奇特的纹路。他怀疑这是一块化石，所以将这一发现报告给了主管。

58

我心爱的
绘龙

为了弄清楚这块石头的真面目，他们联系了加拿大皇家泰勒恐龙博物馆。博物馆的古生物学家到现场勘察后，发现石头中真的有化石，于是便将石头包装好运送到博物馆并交给专业的化石修复师。

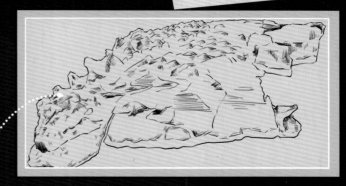

结节龙科恐龙前半身木乃伊化石

经过 5 年时间，化石终于被修复出来，一具被"时空胶囊"包裹得十分完好的恐龙化石呈现在世人眼前。虽然这只恐龙只有前半身被保存下来，但其长度已经达到了 2.75 米，古生物学家据此推测，这只恐龙的体长约 5.5 米，体重约 1.5 吨，体形和现生的犀牛似的。

结节龙科恐龙已发现的骨骼化石

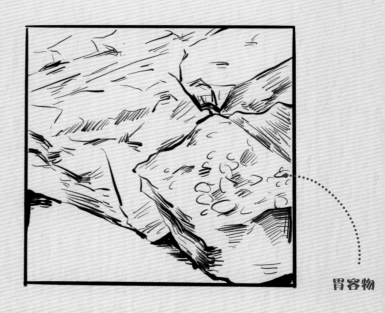

这具恐龙化石不仅保留着坚硬的骨甲和巨大的棘刺，还完整保存了肌肉和体内器官，甚至还保存了胃部没有来得及消化的食物。

胃容物

这具罕有的恐龙木乃伊化石为古生物学家研究恐龙的食性和生存的年代提供了宝贵的资料。所以，有关这一恐龙化石的研究成果还未公布，它就成了当时最受关注的恐龙化石之一。

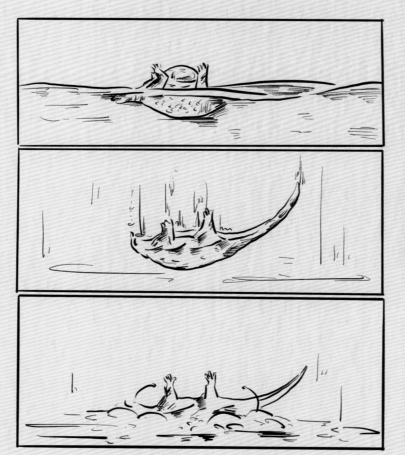

2017 年 8 月，古生物学家将其正式命名为马克·米切尔北方盾龙。它的属名"*Borealopelta*"意为"生活在北方，身上有防御性'铠甲'的恐龙"。

它的种名献给了化石修复师——马克·米切尔，因为是他花费了近 7000 个小时，以精湛的技艺将北方盾龙从岩石中完美地修复出来。

北方盾龙生命的最后一刻

北方盾龙的背部以及四肢侧面都覆盖着骨质甲片，像铠甲一样保护着自己。

骨质甲片

说到这里，我猜你定会认为北方盾龙属于甲龙家族。然而，北方盾龙的尾巴上没有"大锤"，而且脖子到肩膀两侧还长着尖锐的棘刺，这些棘刺对称分布，最长的50厘米，具有明显的防御作用，可以保护它们脆弱的脖子免遭肉食性恐龙攻击。现在，你还坚持认为它属于甲龙家族吗？

棘刺

北方盾龙长着类似于现生鸟类的坚硬的角质喙，可以轻松切断植物的茎叶。这一点和甲龙家族以及剑龙家族的成员比较相似。

角质喙

读到这里，你是不是对北方盾龙的身世感到更加困惑了？
若是这样，请继续往下读，随我一起揭开北方盾龙的身世之谜吧！

北方盾龙的防御性武器可不止前面提到的"铠甲"和棘刺。它们的眼睛上面覆盖着骨质眼睑，脑袋上还长着一些坚硬的骨质突起。

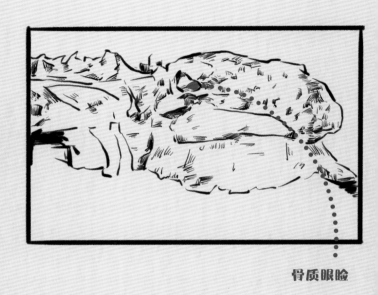

骨质眼睑

北方盾龙长着一条长长的尾巴，约占体长的一半，上面覆盖着骨质甲片以及小骨突。遇到危险的时候，北方盾龙会甩动尾巴来进行防御。不过，这招用来对付小型肉食性恐龙还可以；若遇到大型肉食性恐龙，其威力就远不及甲龙的大尾锤了。

所以，北方盾龙也会采取直接趴在地上静止不动的被动防御方式来保护自己。

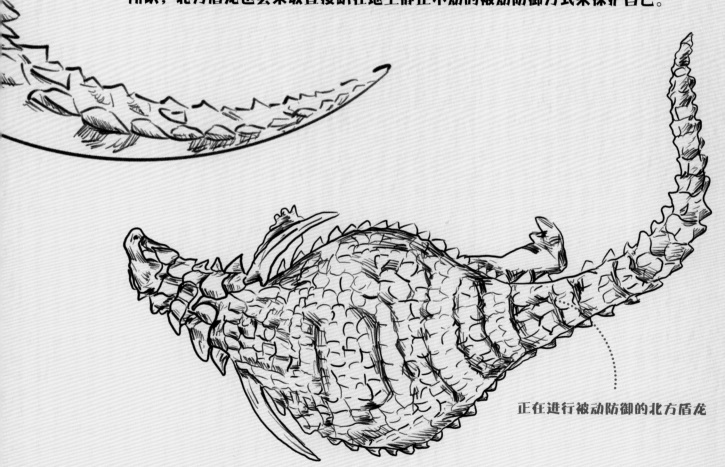

正在进行被动防御的北方盾龙

除此之外，北方盾龙还有一个绝技——"隐身"，但此"隐身"非彼隐身。

古生物学家在北方盾龙的化石上发现许多细微的残留物，这些残留物含有红色色素，他们由此成功地复原出北方盾龙的体色——背部呈红色，腹部颜色较浅。

古生物学家认为北方盾龙的体色具有"隐身"功能。当太阳光直射到它们身上的时候，背部的颜色会变亮变浅，和腹部的颜色差不多，此时，北方盾龙全身都是浅色调，这有利于它们将自己隐藏在环境中。

或许你会好奇，把防御做到极致的北方盾龙为什么要费尽心思地隐藏自己呢？

那是因为许多凶猛的大型肉食性恐龙身体强健，嘴中长有锋利的牙齿，它们可以轻松地将北方盾龙掀起来，然后攻击其防护最薄弱的腹部。

所以为了生存，北方盾龙只能凭借着"隐身衣"将自己隐藏在周边的环境中，从而躲过猎食者的攻击。

受到攻击的北方盾龙

现在，你对北方盾龙已经有了一定的了解，那你可否根据这些特征判断出它们属于哪个家族呢？若你还坚持认为它们属于甲龙家族，那么恭喜你，你已经和诺古一样，成为一名优秀的恐龙猎人了。

我心爱的
绘龙

北方盾龙属于大名鼎鼎的甲龙家族，但是它们没有卵形尾锤。是的，你没有看错，北方盾龙属于甲龙家族中的另一类成员——结节龙科。甲龙家族包括甲龙科恐龙和结节龙科恐龙，它们都用四足行走，身披"铠甲"，那你知道如何区分它们吗？

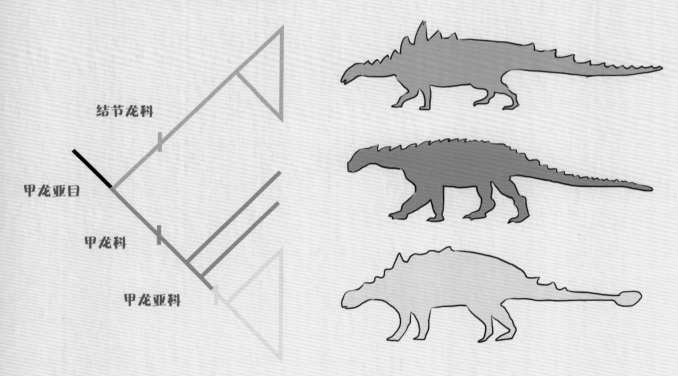

或许你会说，"这也太简单了吧，看它们尾巴上有没有尾锤不就知道了嘛！"
你知道吗？
比较原始的甲龙科恐龙也是没有尾锤的。所以，你需要有一双"火眼金睛"，这也是一名优秀的恐龙猎人必备的特质。

结节龙科恐龙头骨长而狭窄，身体两侧通常长有长长的棘刺；而甲龙科恐龙头骨较宽，较原始的种没有尾锤，较进步的种都有发达的尾锤。

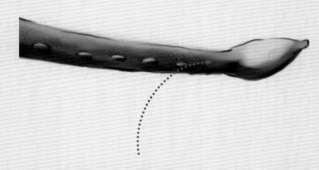

杨氏天镇龙的尾锤

除此之外，相较于结节龙科恐龙，甲龙科恐龙体形更短小粗壮，头部的"铠甲"更发达，防御能力也更强。

其实，除上述两类成员外，一些古生物学家还识别出了甲龙家族中的另一个类群——多刺甲龙类，它们兼具甲龙科和结节龙科恐龙的特征。但目前，由于发现的多刺甲龙类恐龙的化石残缺不全，其分类位置一直存有争议，所以在此不作详细论述。

多刺甲龙

至此，北方盾龙的身世之谜已经揭开，我们可以很笃定地说，那只叫作马克·米切尔的北方盾龙属于甲龙家族。那你知道它为什么会保存得如此完整吗？

它在生前究竟遭遇了什么？

是被恐怖的高棘龙袭击了？

还是遭遇了火山爆发、泥石流或地震等自然灾害？

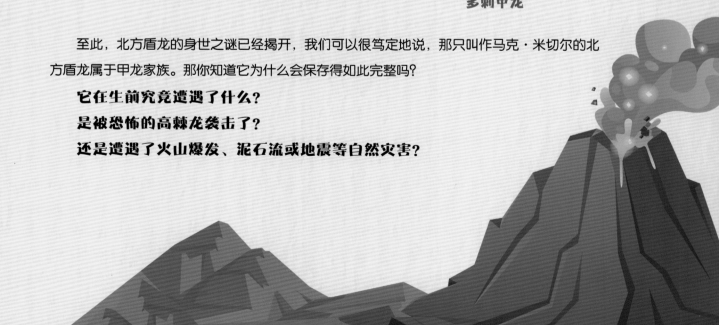

高棘龙生活在北美洲，体长约 12 米，体重 6 ~ 7 吨，背部到臀部以及尾巴前端都长着高大的神经棘，它们的名字便由此得来。关于神经棘的作用，目前还未知，古生物学家推测其也许具有调节体温或储存能量的作用。

高棘龙

古生物学家经过全方位研究，推测还原出了马克·米切尔北方盾龙生前最后一幕：在约 1.1 亿年前的一天，连续几天的大暴雨袭击了如今的加拿大南部地区，使得这里河水上涨，水流湍急。

一群北方盾龙正在河边漫步，其中一只被喝饱了雨水的叶子吸引过去。它美滋滋地大口大口吃着树叶，完全没有注意到危险已悄然逼近——河岸因为连续降雨已经变得松垮，随时都可能塌陷。

北方盾龙

　　就在它又一次挪动脚步时，河岸突然崩塌陷落，它笨重的身躯连同泥土和石块一起滚落进了河中。虽然它奋力挣扎，但接连而来的一个又一个浪头把它推入河水中央，它的身体不停打转，河水灌入它的嘴巴，使它最终被河水吞没，顺着水流进入海洋并迅速被海底的沉积物掩埋。

复活恐龙

一只刚刚孵化出来的恐龙宝宝抬起头，努力地睁开眼睛看着这个陌生的世界。面对突如其来的刺眼的阳光，它眯着眼睛，挣扎着，想要看清这片充满生机的大地。然而，死亡正在悄然逼近，它却浑然不知。

一颗体积较大的小行星直奔地球而来，在地球上砸出一个巨大无比的坑，无数的尘埃进入大气层，遮天蔽日，地球陷入一片黑暗之中，大部分生物因此走向灭绝。待尘埃落定，地球上又是一片生机勃勃的景象，曾经的霸主却退出了历史舞台……

恐龙是地球上最为传奇的远古生物，人们对它们充满好奇。当一件件与众不同的化石出现在世人眼前时，人们开始了无限的遐想。

古生物学家经过不断的研究与探索，一层一层地为我们揭开神秘的面纱。

1990年，迈克尔·克莱顿出版了《侏罗纪公园》一书（这本书1993年被斯皮尔伯格改编拍摄成同名电影），书中提到了一块琥珀。

琥珀中封存了一只1亿年前、和恐龙同时代的蚊子。这只蚊子冒着生命危险吸了恐龙的血，但不小心被裹在树脂中，并定格了亿年之久，它腹中的恐龙血液也被永久地保存下来。科学家从蚊子的腹部抽取出恐龙的血液，从而提取出DNA碎片信息，然后克隆DNA片段，使其数量增加，再将这些DNA注射到青蛙的卵细胞内（注意：此时青蛙卵细胞内的细胞核已被清除）。

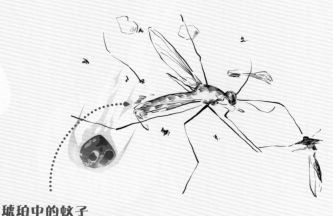

琥珀中的蚊子

时间一点点地流逝，科学家在静静地等待……你猜，青蛙卵会变成小蝌蚪还是小恐龙呢？

DNA是脱氧核糖核酸的英文缩写，其分子结构就像一个螺旋形的梯子一样。DNA储存着生物体的遗传信息。

DNA

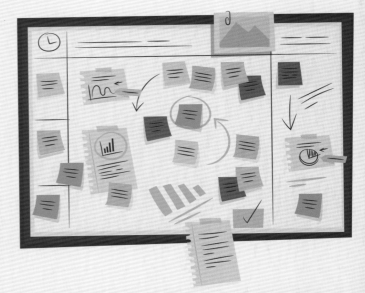

看到如此激动人心的计划，你是不是也跃跃欲试，想要寻找恐龙的 DNA，迈出复活恐龙的第一步呢？

其实早在 1992 年，微生物学教授保罗·坎诺和他的学生就尝试从与恐龙生活在同一时期的昆虫中提取基因。

最终，他们从一只有数千万年历史的蜜蜂体内提取出基因样本。虽然不是恐龙的基因，但也引起了科学界的震动。起码这是一个良好的开端，表明我们在朝着复活恐龙的方向逐步迈进。

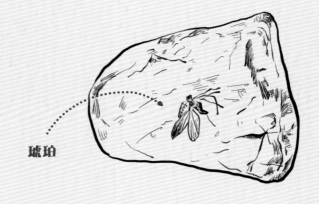

琥珀

1993 年，古生物学家又从琥珀中提取到一段生活在约 1.3 亿年前的象鼻虫的 DNA。虽然始终没有提取出恐龙的 DNA，但实验结果表明：DNA 可以保存下来，而且可以保存很久。

象鼻虫

象鼻虫体躯很小，但它们拥有坚硬的翅膀和长长的"鼻子"，"鼻子"占身长的一半左右。不过，需要注意的是，所谓的"鼻子"并不是真的鼻子，而是它们用以咀嚼食物的口器。

1994 年，科学家在一块骨骼化石的研究上取得了突破性进展。这块化石的主人是一只生活在约 8000 万年前的恐龙。

更难得的是，科学家在这块骨骼化石中提取到了 DNA 碎片信息。

然而遗憾的是，这段所谓的恐龙 DNA 序列实际上是人类的。因为实验过程中没有将污染有效隔离，所以，一滴汗液、一个飞沫都会影响实验结果。

如此看来，寻找古生物 DNA 的路途任重而道远。即便可以确保排除一切污染，但有的科学家提出，DNA 的存活时间不可能达到上亿年，其半衰期是 521 年。这就意味着，521 年后，一个样本中的核苷酸骨架之间的化学键有一半会被分解掉；而在下一个 521 年后，剩下的化学键中的一半又会被分解掉……

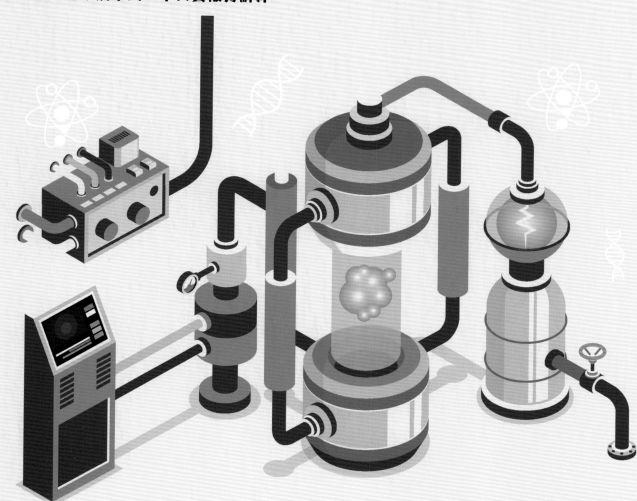

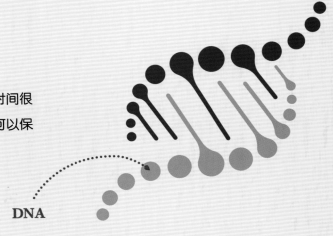

科学家认为，一般情况下，DNA 的降解时间很短，几天到几年不等；特别理想的情况下，可以保存几十万年，甚至长达 100 万年。

DNA

如果时间再向前推移，我们最多可以提取出一些 DNA 碎片，仅此而已。不过，科学家们从来没有想过放弃。他们又在一些灭绝时间相对较短的动物身上提取出 DNA，比如 1883 年灭绝的斑驴，1681 年灭绝的渡渡鸟，甚至 70 万年前的马。

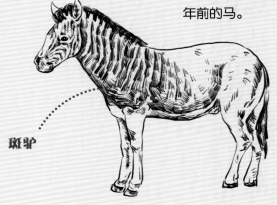

斑驴

可是，即使是生活时代距离我们最近的斑驴的 DNA 也已经遭到了严重的破坏，很难进行下一步的研究，更不要说 70 万年前的马的 DNA 了。如果你想把 DNA 修复好，那你就需要完成一幅由百万块碎片组成的拼图。

渡渡鸟

或许你会说，只要有足够的耐心和时间，这就不是问题。可是，你要知道，这幅拼图的全貌没有人见过。

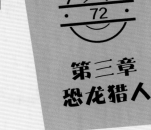

斑驴，也叫半身斑马，是生活在南部非洲的一种动物。它们的前半身像斑马，后半身像马，奔跑速度特别快，可以达到每小时 70 千米。由于人类的猎杀，它们于 1883 年灭绝。

斑驴

渡渡鸟虽然早已走进历史长河，但它们的名字却家喻户晓。成年渡渡鸟的体长超过 1 米，体重可达 26 千克。笨重的身体加上弱小的翅膀，致使它们无法飞离地面。不过，它们也不需要飞，毛里求斯海岛上荒无人烟，食物充足。但被人类发现后，它们就走上了灭绝之路。

渡渡鸟

渐渐地，科学家们接受了古生物 DNA 保存状况较差的事实，转而又从一个新的角度开启了研究。

1997 年，古生物学家玛丽·施韦策等人从君王暴龙的腿骨化石中提取出了胶原蛋白和红细胞。

红细胞　　　　　　　　　　　　　　　　　　　　**胶原蛋白**

虽然有很多人提出质疑，但是经过进一步的研究，他们证实这确实是六七千万年前的恐龙的红细胞，而胶原蛋白可能受到污染，不再是原来的胶原蛋白。这又重新点燃了科学家们寻找恐龙 DNA 的激情。

红细胞是血液中数量最多的一种细胞。红细胞的主要成分是一种名叫血红蛋白的物质。血红蛋白是一种含铁的结合蛋白质，由珠蛋白和血红素组成，其中关键部分是能够携带氧分子的含铁血红素。因此红细胞的颜色会因含氧量不同而稍有变化。

红细胞

1997 年，古生物学家在辽宁省西部发现了一件生活在约 1.25 亿年前的尾羽龙的化石。

这件化石保存得比较完整，可以清晰地看到羽毛的印痕。

尾羽龙骨骼化石

尾羽龙

尾羽龙是窃蛋龙家族中的一员，前肢短小，长有羽毛，尾部长有扇形对称长羽。它们的牙齿比较奇怪，除吻部最前端几颗向前方伸展的牙齿外，几乎看不到其他的牙齿。

尾羽龙

更重要的是，科学家在这件尾羽龙骨骼化石中发现了关节软骨，并从中提取出软骨细胞，包括一些健康状态下"化石化"的软骨细胞以及一些快要凋亡的软骨细胞。这是多么激动人心的发现！既然发现了细胞结构，那其中会不会保存着细胞核和细胞质呢？带着这个问题，科学家又做了进一步的研究。

研究发现，细胞核和细胞质都存在于软骨细胞中，而且其中一个细胞中还有细丝状的染色质。DNA 是细胞中染色质的重要组成成分，因此，这项研究还初步显示出恐龙细胞 DNA 存在的可能性。

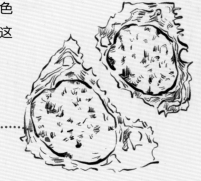

软骨细胞电镜图

读到这里，你肯定会心生疑惑，既然细胞难以保存，为什么这只尾羽龙的化石可以将它保存下来呢？

科学家猜测，可能是火山灰迅速掩埋了这只尾羽龙的尸体，其中的微小的矿物颗粒包裹着尸体，并作为介质保护了内部组织结构。

千禧刑天龙

然而，即便在不久的将来，科学家真的提取出完整且没有受到污染的恐龙 DNA，那人类也只是走出了复活恐龙的万里长征的第一步。

恐龙的细胞

因为，新的问题会接踵而来。

恐龙复活后，它们能适应现在的环境吗？

因为恐龙时代地球的氧含量明显高于现在，是如今的 130% ~ 150%。

这是一个什么概念呢？ 也就是说，如果让恐龙生活在现在的地球环境中，就相当于让它们生活在海拔 3000 米以上的高原。习惯在海拔较低的平原地区生活的人去平均海拔 4000 米以上的西藏旅游，极有可能出现胸闷、头晕、头痛等不适，甚至死亡。恐龙也不例外。

此刻的你或许充满疑惑，恐龙可是曾经的地球霸主啊，怎么可能这么脆弱！要知道，恐龙的体形一般都很大，所需要的氧气自然也更多。难道我们要给每一只恐龙都背一个氧气罐吗？

就算呼吸问题可以解决，那你是否考虑过它们吃什么呢？

"当然是原来吃什么现在就吃什么喽。如果它们愿意改变饮食习惯，地球上的食物那么多，它们可以随意挑选。"有人也许会这样不假思索地回复我。

⋯⋯⋯**事实果真如此吗？**

侏罗纪时期的植物以裸子植物为主，如苏铁和银杏等将种子裸露在外边的植物；而现在已经是被子植物也就是有花植物的天下了。或许我们可以为了恐龙大量种植裸子植物，可你是否想过，苏铁和银杏是含有毒素的植物，如果人类误食，可能引发中毒甚至死亡等状况。

苏铁

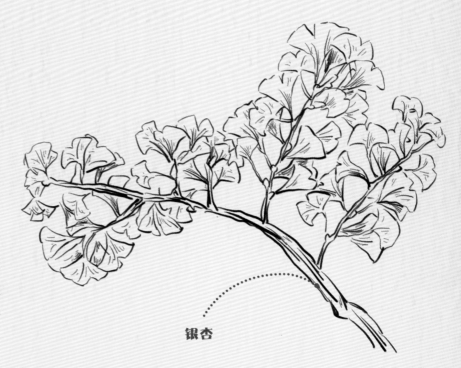

银杏

如果给恐龙更换食谱，且不说它们是否爱吃，单是被子植物的毒性，就不知道它们能否适应。总之，这一切都是未知。

再者，氧气含量降低，植物不仅比原来少了，而且也小了，地球现有的植物储量是否能养得起这些"大胃王"呢？现在生活在地球上的动物们，在一些体形庞大的恐龙眼中就和小蚂蚁似的，恐龙吃掉它们都不够塞牙缝的。

现在体形最大的陆生脊椎动物是大象，它们中的"王者"是一只重约 13.5 吨的雄性非洲象。然而，即便是它，也没有十足的把握战胜暴龙。

暴龙

这样看来，如果有一天恐龙真的复活了，也只能生活在我们为它们打造的恐龙乐园中。

可是，这真的是我们想要的吗？或者这是恐龙想要的吗？复活后的它们是否会威胁到人类？人类是否能战胜它们？如果人类战胜了它们，是否要让它们再次灭绝？

第四章 追寻恐龙

提起恐龙，许多人脱口而出的可能是暴龙、三角龙、梁龙和腕龙，但这些都是生活在史前北美洲的恐龙。你能说出几种生活在中国的恐龙吗？或者你知道世界上发现恐龙种类最多的国家是哪个吗？

**我心爱的
绘龙**

　　截至 2022 年 4 月，中国已经命名了 338 种恐龙，种数高居世界第一位。全国有 22 个省级行政区都发现了恐龙化石，其中，辽宁、内蒙古和四川发现的恐龙化石最多，是名副其实的"恐龙大户"。

甲龙家族来报到

我是格氏绘龙，我的化石发现于内蒙古自治区锡林郭勒盟二连浩特市、巴彦淖尔市以及蒙古国南戈壁省。

我是明星天池龙，我的化石发现于新疆维吾尔自治区昌吉回族自治州阜康市。

我是丽水浙江龙，我的化石发现于浙江省丽水市。

我是奇异辽宁龙，我的化石发现于辽宁省锦州市。

我心爱的
绘龙

我是洛阳中原龙，我的化石发现于河南省洛阳市。

我是中国缙云甲龙，我的化石发现于浙江省丽水市。

我是朝阳传奇龙，我的化石发现于辽宁省朝阳市。

我是杨氏天镇龙，我的化石发现于山西省大同市。

我是步氏克氏龙，我的化石发现于辽宁省朝阳市。